Discovery of Animal Kingdom
听老鹰讲故事

动物王国大探秘

[英]史蒂夫·帕克／著　　[英]彼特·大卫·斯科特／绘

龙　彦／译

长江出版传媒｜长江少年儿童出版社

老鹰的神秘生活从这里开始……

我是一只高贵的金鹰。

我生活的地方宽广辽阔，

皇家鹰巢比电线杆还高，

可不是你们嘴里的"鸟巢"。

我有些孤独，虽然爸爸说我很幸运，

因为金鹰巢里一般只有一只小鹰能活下来。

我很勇猛，很多动物都怕我，

捕食对我来说是件很轻松的事，

这主要是我眼睛的功劳，

我能看到一千米外的老鼠哦!

有时，我也得跟敌人斗智斗勇。

但现在我可不是一个人在战斗，

我组建了自己的新家庭，

已经是一位成功的妈妈了!

瞧我这帝王风范，羡慕吧！

目　录

最棒的巢

我已经第二次看到太阳升起了，这就意味着，我出生两天了。在湿漉漉的蛋里待了6周，出生时，我身上的羽毛都湿透了。现在它们已经干了。不过，我还要不停地锻炼小翅膀和腿。伸——伸——伸——展。

妈妈的尾巴伸展开了，她准备着陆了。

金 鹰

其他中文名：金雕、洁白雕、老雕

分类：鸟类——猛禽（食肉鸟）

成年体长：1米

翼展：2.2米

成年体重：雌性，可达6千克；雄性，可达4千克

栖息地：高山、小山、荒野、平原、开阔的树林

食物：小到中型哺乳动物、鸟、青蛙，有时还吃鱼和蛇。

特征：眼睛很大，视力很好，嘴巴弯弯的，爪子很有劲。

弟弟啄着蛋壳，想要出来。

妈妈来了。她说，金鹰是所有鸟类中最高贵、最了不起的。我们是"长着羽毛的皇室"。也就是说，爸爸是国王，妈妈是王后——我是公主！

鹳的巢筑在一栋房子的烟囱上。

从蛋壳里孵化出来，可把我累坏了——我可是花了两天的时间啊！

鹰筑的巢，叫作鹰巢。鹰巢要筑在比较好的地方，比如，悬崖峭壁，或者大树上。有些鸟把自己的巢筑在一些很奇怪的地方——比如漂在河面的木筏上。

我好饿！

一周后，我开始慢慢喜欢上我的弟弟。一开始，他会挤我，啄我。不过，我现在长大一点了，我也可以用更大的力气去啄他，抓他，和他打闹玩耍。

叫得越大声，得到的食物越多！

要是大人回来了，我们就会把嘴巴张得大大的，拍打着小翅膀，大声地叫起来。这就叫求食。等我长大了，我也会变成一个能干的妈妈，我的小鹰们就要向我求食！

今天的大餐是土拨鼠，又软又多汁。我还喜欢鸽子、鹅和蜥蜴等。我是个高贵的公主，一直都吃着这些最美味的菜肴。

黄腹土拨鼠

分类：哺乳动物——啮齿动物

成年体长：45 厘米，尾巴 15 厘米

成年体重：可达 5 千克

栖息地：小山、山上的草地、草原和林地边缘

食物：草、花、芽、种子、根、昆虫、虫子和鸟蛋

特征：门牙又长又尖，用来撕咬，毛很厚，爪子很有劲，用来挖地洞过冬。

本周菜单

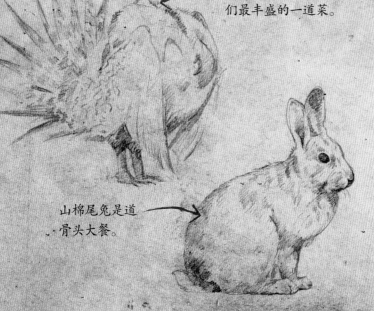

大大的艾草松鸡是我们最丰盛的一道菜。

山棉尾兔是道骨头大餐。

北美鼠兔算是小点心。

麝鼠散发着麝香，味道好极了。

空中捕食

昨天，我和弟弟看到了精彩的一幕——妈妈在半空中抓到了一顿大餐。她发现一只野鸭远远地在下面飞着。我看到妈妈把头一低，把翅膀收到后面，然后飞速地往下冲。

妈妈准备往下冲了。

野鸭飞快地拍打着翅膀。

翅膀收到后面，可以加快速度。

野鸭也往下冲，但是速度太慢了。

妈妈从上面猛地扑了下去，扑到野鸭身后，这样，野鸭就看不见她了。然后，她把爪子伸出来，张开脚趾，接着……

哇！她"砰"地扑到了野鸭身上，用尖尖的爪抓住了野鸭，然后把他带回巢穴，给我们吃。这可真叫人长见识。我也要学习，也要变得这么凶猛。了不起的妈妈！

我用这些羽毛记下我们家的故事！

带着重重的猎物飞行，要把翅膀张开。

致命的爪出去啦！

就剩我一个了

今天，我满月了，可是我很伤心。昨天晚上，弟弟不见了。我猜，他死了，然后爸爸妈妈把他的尸体带走了。我承认，我时不时地欺负他，可是，我们是一家人啊，我会很想念他的。

我想像爸爸一样，腿上也长满羽毛！

爸爸跟我说，弟弟死了，因为他太虚弱了。爸爸还说，在金鹰巢里，一般只有一只小鹰能活下来。所以，我就是那只幸运活下来的小鹰。

我的爪子长得又大又尖。

等我那些毛茸茸的婴儿绒毛脱落了，我就要开始梳理那些新长出来的、金色的成年羽毛了。我看起来可真尊贵啊！

没有了弟弟，我的食物就更多了！

好好地张开羽毛，让嘴巴和爪子伸进去，直到碰着皮肤。

新手梳理指南

梳理，就是让羽毛保持干净、整洁。对任何一种鸟类来说，这都是一项重要技能。通过梳理，你可以清除脏东西，清除羽毛和皮上的一些害虫，比如跳蚤、虱子。梳理，还可以让你的羽毛变得整洁、平顺，没有裂口。这样，你就可以安全飞行了。

记住：每天都要梳理，起床、饭后、睡前都要梳理。

美洲豹

分类：哺乳动物——食肉动物

成年体长：(加上尾巴) 雌性，1.8 米；雄性，2.4 米。

成年体重：重达 100 千克

栖息地：雪山、多岩石的小山、树林、沼泽、干燥的矮树丛、田地

食物：各种动物——从青蛙、老鼠、耗子，到鱼、鸟、豪猪、鹿。

特征：门牙又长又尖，视力和听力都很好。反应快，爪子锋利，尾巴很长、很有劲。

差点没命

今天，我第一次感受到真正的危险。我在巢穴里打盹的时候，突然听到沙沙沙的刮擦声。我本来应该待在其他动物看不到的地方躲起来，可是我特别特别好奇——我就想偷偷看一看！

我大声地叫着，把美洲豹吓了一跳！

妈呀，原来是美洲豹！他爬上岩石来找吃的——发现我了！我一边拍打一边叫。幸好，他坚持不住掉下去了。

哎呀！我真该听爸爸妈妈的话，乖乖待在隐蔽的地方。

老鹰的敌人

貂熊真的很凶猛！

猞猁跟大豹长得很像。

灰狼永远都在追逐。

土狼在晚上嚎叫。

耳朵朝后，表示美洲豹准备捕杀了。

希望他的小孩不要爬上来！

他的脚掌没法抓住东西。

爪子从湿湿的石头上滑了下去。

美洲豹掉了下去，不知道撞到了哪里，发出"砰"的一声响。要是他再敢上我这儿来，我就好好地戳一戳他的鼻子！

翼骨撑起了我的翅膀。

第一次试飞

今天真棒！我第一次试飞，表现不错。我站在巢边，小心地拍打着翅膀。我张开翅膀，感觉到风在吹。真棒！

一层层的羽毛，可以防止空气穿过。

飞前准备

· 翅膀稍微张开，测试风。

· 四处看看，确定附近没有树枝、尖石头、高金属塔或者长金属线。

· 爪子放松，用力拍打，尽量飞得高高的。

我张开尾巴，减慢速度。

我要挑战的是控制每一根羽毛下的肌肉。这些肌肉让羽毛朝着不同的方向生长，也能扭动羽毛。

呼呼，差点飞起来了。可是，一阵狂风差点把我吹翻了。不过，等我可以自由飞行了，我就要在我的领空上高高地飞翔！

我只要扭转羽毛，就可以转弯了。

我紧紧地挨着巢边。

了解你的羽毛

一只鹰长着好几种羽毛。长在身体上的是正羽，用来保暖，保护你，形成你的外形和颜色。正羽下面是软软的绒羽，有进一步保温，护体的作用。你的翅膀上长着两种羽毛，分别叫作主翼羽和副翼羽。

主翼羽帮助你在空中穿梭。

正羽长得平坦又整洁。

副翼羽提供升力。

腾空高飞

　　飞得这么高，我的视野更广阔了，哪里有猎物，哪里有危险，都看得清清楚楚。我看着下面的峡谷，寻找机会，准备抓我的第一道大餐！我要跟着下面这些鹿，看看有没有生病的，或者受伤的。

在我的头部，眼睛占的地方比大脑占的地方还要大！

　　我在练习保持稳定，就算我的身体和翅膀在风中歪来歪去，我的脑袋也要保持稳定。只有这样，我的眼睛才能牢牢地锁定目标——现在，我牢牢盯着的就是一只腿脚受伤的小鹿。

我的眼睛牢牢锁定了这只受伤的小鹿。

都说鹰的眼睛超级厉害，这可不是瞎说！我们眼睛的中间区域有放大功能，能把看到的东西变得更大、更近。我的眼睛连一千米外的老鼠都能看见。现在，在我的眼睛看来，这只小鹿真是超级大。

这只小公鹿，对我来说，太大、太强壮了。

白尾鹿

分类： 哺乳动物——有蹄类动物

成年体长： 高达 2.1 米

成年体重： 重达 150 千克

栖息地： 主要是树林和森林，偶尔也出现在灌木地带、多岩石的山丘、干燥的矮树丛。

特征： 视力和听力很好，腿很长，身体底部呈白色，公鹿长着大大的鹿角。

第一次大捕杀

昨天的捕鹿行动最后没什么收获，鹿群进入了一个茂密的树林，我就看不见他们了。所以，今天我又出来捕猎了。我小心翼翼地飞着，因为狼群在这附近呢！

有时候，狼群会来偷我的猎物。

白靴兔

分类：哺乳动物——兔子、野兔、鼠兔

成年体长：可达 50 厘米

成年体重：可达 1.5 千克

栖息地：开阔的树林、森林、草原、田地、沼泽

食物：植物——从苔藓、芽、树叶，到种子、细枝、树皮。

特征：门牙又长又尖，后腿十分有劲，毛很厚。冬天，毛色从棕色变成雪白色。

我在空中差不多飞了一天了，终于看到了一只白靴兔。她正在岩石坡上慢悠悠地吃草。太棒了！我猛地冲了下去，却发现狼群也在跟着她。没时间了！

我像妈妈那样，将翅膀收到后面，向下冲，然后张开爪子。我抓住了白靴兔，然后使劲拍打翅膀飞走了。狼群就在后面，但是他们可抓不住"空中公主"！

爪子的力量

你的嘴巴和爪子，都是捕猎的武器。爪子还可以让你停在树枝上休息，帮你梳理羽毛，让你抓紧食物，撕咬食物。好好照顾你的爪子！

	握力	弯曲度	触摸感
鹰的爪子	9/10	2/10	5/10
人类的手	4/10	8/10	9/10

我的翅膀可以承受野兔的重量。

白靴兔长着雪白的脚，真的很容易被发现。

遇见白头海雕

今天早上，我正埋头大口地吃着我抓到的野山羊。一抬头——我发现了白头海雕。他也是一只鹰，不过可没有我那么高贵。

白头海雕

分类：鸟类——猛禽（食肉鸟）

成年体长：可达 1 米

翼展：可达 2.1 米

成年体重：雌性，可达 6 千克；雄性，可达 4 千克

栖息地：河流、湖泊、沼泽、海岸

食物：小到中型动物，尤其是鱼和水鸟。

特征：头和脖子上的羽毛呈白色，嘴巴弯弯的，呈黄色。

脚趾的皮很粗糙，方便抓那些滑溜溜的鱼。

白头海雕为什么又叫秃头鹰呢？我也不知道。也许是因为那些视力不如我的动物们从远处看到他时，把他那白色的羽毛看成光秃秃的皮肤了吧！

白头海雕 VS 金鹰

- 更喜欢开阔的水面，比如湖泊、大江或者海滨。
- 喜欢抓鱼，还有鸥和蟹等在海滨的生物。
- 有时候，会从其他鸟类那儿偷食物，甚至从我们金鹰这儿偷！

- 喜欢干燥的地方，比如有草、岩石、灌木丛和大树的地方。
- 主要吃哺乳动物和鸟类，很少吃鱼。
- 通常，会自己捕食，不过，也会吃动物的尸体。

我们聊了一会儿天，还进行了抓捕比赛。白头海雕最喜欢鱼。我也抓了一点鱼，不过他们的小骨头可不大好吞。他还从水里抓了几只乌龟。

我拍了拍翅膀，这样我就可以获得更多的力量来撕扯山羊肉。

我用钩子一样的嘴巴撕掉山羊的内脏——真好吃！

山羊太重了，所以我就直接在这里开吃了。

21

熊出没

第一个冬天，我过得很艰难。我经常抓捕的那些动物基本上都藏进了地洞或者窝里。昨天，我在石山上飞来飞去，发现在空空的雪地上出现了一个奇怪的东西。我飞速扑了下去……

貂熊的牙齿可厉害了，连骨头都能咬碎。

我叫了起来，但是没用。

是一只死掉的大角羊。真是顿美餐啊！我降落在附近，确定周围是否安全。突然，貂熊出现在灌木丛中，我拍打着翅膀，叫了起来，驱赶她走开。她可以吃我吃剩下的。

我慢慢地后退，离这只灰熊远一点。

灰熊通过嗅觉发现了大角羊。

大角羊受伤死去。

惨了！灰熊也赶了过来。他大吼一声，震得大地都颤动了。作为鸟族的公主，我可以吓跑大部分动物，但吓不住灰熊。这只羊是没有我的份了，我还是飞回天上继续找东西去吧！

灰 熊

分类： 哺乳动物——食肉动物

成年体长： 2 至 2.6 米

成年体重： 重达 500 千克

栖息地： 森林、树林、大山

食物： 动物类从青蛙、鱼，到鹿、羊；还吃许多植物，尤其是果子、坚果和浆果。

特征： 体型庞大，脚掌很大，爪子很长，听觉和嗅觉很好，长着白白的毛，看起来像花白的老人。

亲爱的，你好！

从我出生到现在，已经三年多了！我两岁时就离开了父母的领地。然后，我又花了两年左右的时间，终于有了自己的领地。我可以在自己的领地里生活、捕猎、休息。不过，没几个人喜欢独自生活吧。所以，今天我找了一个伴侣。他的名字叫艾迪。

强壮的翅膀上覆盖着浓密的羽毛，没有一点缝隙。

理想的伴侣

1. 羽毛梳理得很好。

2. 翅膀拍打得流畅又有力。

3. 走路、跳跃的时候，平衡性很好。

4. 眼睛明亮、清澈。

5. 爪子很有劲。

6. 胃口很好。

7. 发出危险警告时，叫声很大。

完美的爪子，没有裂痕，没有缺口。

有只金鹰有几次飞过这里，他飞得很高，所以我也没留意。后来，他开始往低处飞，而且越来越低。这时，我才发现他是个男的。春天来时，我们俩都觉得该找个对象了。于是，我们就生活在一起了。

一般，金鹰夫妻会一直生活在一起，直到有一方死去。这就叫"生死相依"。

吸引对象

求偶就是向一位合适的对象展示你非常优秀，是个好伴侣，能跟对方一起组成健康的家庭。

当然，那位对象也要吸引你。试试这些求爱动作吧。

●过山车

忽上忽下，先飞上去，再冲下来，动作越快越好。

●丢礼物

冲向地面，捡起一个石头、一根小树枝或者一块卵石，飞到高空中把它丢下去，然后在半空中接住。这样重复5次。

●锁爪翻筋斗

相互抓住爪子，然后一边往下掉，一边不停地翻筋斗。

我好喜欢他的样子！

我在向他炫耀我漂亮的羽毛。

他朝我飞了过来，我朝他飞了过去。我们举起爪子，一起扑上去，又扑下来，我们欢快地鸣叫着，相互展示各自的本领。真是太开心了，我们一起当上了石山的国王和王后。

我们的新领地

艾迪和我在一起之后，我们就需要更大的领地和更多的食物了。所以，我们一起协作，把隔壁的鹰都赶走了。现在，我们有足够的领地了。

悬崖边上，是筑巢的好地方。

我开始在茂密的森林里来来回回。

我小心地盯着灰熊！

今天，我在领地上飞翔时看到了几个筑巢的好地方。我们要在山上找一个高点的地方，但又不能太高。太高的地方又冷风又多。最好是把巢筑在隐蔽的悬崖边或高高的树上。

我的翅膀太长了，不能在大树之间飞行。我得飞到大树上方。

我要远离这些"树枝会转的大树"。真奇怪！

筑巢的地方要让捕食者很难够到，尤其是灰熊啊，老虎啊，貂熊之类的。一想起小时候美洲豹爬上我们巢穴的情景，我就浑身哆嗦。

乌鸦群在围攻我！

风往坡上吹，把我带向更高的天空。

可以在这棵树上筑巢。

清湖

我在领地上飞的时候，在石山那儿碰到了艾迪。我们交流了一下，看看都找到了哪些好的筑巢点，然后选出最好的四个。我们一年只住一个巢，但是要有备用的，以防我们住的那个毁坏了。

艾迪在等我。

我们自己的小鹰

今天，是个隆重的日子！我们的第一批小鹰孵出来了，真为我们的公主和王子骄傲！不过，我们现在也更加忙碌了。艾迪和我要不停地出去，给我们的孩子找吃的。

艾迪把下一顿大餐带回来了——一只野兔。

金鹰孵化

一号小鹰在等待二号小鹰的出现

《大山周报》发布消息称，住在清湖附近大树上的金鹰夫妇生了两个孩子。两只小鹰和爸爸妈妈都很健康。不过，接下来的几个星期里，爸爸妈妈就要忙起来了，他们要去找更多的食物。所以，我们警告所有的小兔、野兔、老鼠、田鼠、土拨鼠，以及各种小鸟（从麻雀到天鹅），请多加小心。欢迎注册登录我们的"鹰出没在线警报"网站，你就可以知道他们什么时候出现在你家门口了。最后，请牢记"金鹰法则"——小心天上！

我还记得小时候和弟弟一起在巢里的日子，但是只有我活了下来。我们现在也有两只小鹰，所以，艾迪和我要尽全力，努力照顾好他们，让他们两个都能长大，都能自己飞出巢。

如何照顾小鹰

1. 只能喂小鹰小片小片的东西，不然他们会被噎住。
2. 每天都要清理他们的粪便。
3. 叮嘱他们待在隐蔽的地方，保持安静！

今年的天气很不错，这样一来，植物就会长得很好，我们的猎物就可以吃得很丰盛，我们也更容易捕猎到美味。看样子，皇室的未来还不错！

我把土拨鼠撕碎，喂给他们吃。

一号小鹰大一些，得到的食物最多。

二号小鹰也很强壮和健康。

29

大家眼里的我

前面的故事里，我已经向大家讲了那么多我遇到的动物，现在来看看这些动物们眼里的我吧！

灰熊

> 金鹰爱叫爱喊，但我可不怕他们，我也不怕美洲豹。实际上，我什么都不怕，因为我才是大山里真正的国王！

白尾鹿

> 金鹰确实抓过几只老鹿，或者病鹿。但是，说实话，没关系。那些鹿啊，只会拖慢整个鹿群的速度。所以，没关系，真的……

土拨鼠

> 可恶的金鹰，总是不知从哪儿就冲了下来。他是我们最大的敌人。美洲豹也是，他总是悄悄地扑上来。还有狼獾、灰熊……

白头海雕

> 要是那些金鹰们肯放下架子，别老是把自己当什么皇室成员，也许我还会跟他们多聊聊，好好相处。大家都知道，我才是象征权力的大鸟。

> 那只漂亮的金鹰小时候差点被我抓住，不过，她从我的爪子里溜走了。听说，她现在生小孩了。真想吃啊！

美洲豹

动物小辞典

大角羊：北美洲的一种野羊，长着又长又弯的羊角。

地洞：一个长长的洞穴，像隧道一样，动物挖好地洞后，可以藏在里面，在里面休息和睡觉。

正羽：鸟身上长的平坦的羽毛，正羽平滑、呈流线型，可以让鸟在空中轻松飞行。

求偶：一种行为展示，是一只动物向它的对象表达交配的意愿。

鹰巢：鹰的巢，一般筑在树上，或者高高的悬崖边。

围攻：一群相似的动物（比如一群鸟），聚集在一起，发出大大的声音，假装要攻击比他们大的捕食者，把他吓跑。

筑巢点：一个地方，鸟或者类似的动物在那里建"家"，或者"巢"，然后在里面休息、睡觉，也许还会在里面抚养小宝宝。

羽毛：鸟类长的东西，用来飞行和保护身体，有各种大小、各种形状、各种颜色、各种花样。

猎物：被别的动物捕杀、用来吃掉的动物。

主翼羽：鸟翅膀最后、或者最顶上的又长又大的羽毛，可以呈扇形散开，可以倾斜，控制飞行。

猛禽类：一些鸟类，长着又尖又弯的嘴巴，爪子又长又尖，他们会捕食其他生物。白天飞行的猛禽主要有鹰、秃鹰、猎鹰、秃鹫，夜间飞行的有猫头鹰。

副翼羽：鸟翅膀边上一排排中等大小的羽毛，飞行的时候，可以给鸟的身体提供升力（向上的力量）和推力（向下的力量）。

流线型：一种平滑、曲线的形状，没有尖角，没有凸出的部分，在空中或者水里时，可以轻松滑动。

树枝会转的大树：金鹰给风车起的名字。风车是人类建造的，可以把风的力量转变成电力。

爪子：猛禽脚趾上长的爪子，又尖、又弯、又有劲。

领地：一个动物生活、进食、繁殖的地方，这个动物会保护这里，防止其他同类闯入。

狼群：一群一起生活、捕猎的狼，由一只母狼和一只公狼管理。

" 所有的野兔和小兔都要当心金鹰。我们叫他们'长翅膀的杀手'，因为他们长翅膀，还要杀我们。千真万确。"

白靴兔

图书在版编目(CIP)数据

听老鹰讲故事／（英）帕克著；（英）斯科特绘；龙彦译. —武汉：长江少年儿童出版社，2014.5
（动物王国大探秘）
书名原文：Eagle
ISBN 978-7-5560-0206-1

Ⅰ.①听… Ⅱ.①帕… ②斯… ③龙… Ⅲ.①鹰科—儿童读物 Ⅳ.①Q959.7-49

中国版本图书馆CIP数据核字（2014）第006094号
著作权合同登记号：图字17-2013-263

听老鹰讲故事

［英］史蒂夫·帕克／著　　［英］彼特·大卫·斯科特／绘　龙　彦／译
责任编辑／罗　萍　叶　朋　黄　刚
装帧设计／叶乾乾　美术编辑／郭　盼
出版发行／长江少年儿童出版社
经销／全国新华书店
印刷／当纳利（广东）印务有限公司
开本／889×1194　1／12　3印张
版次／2022年3月第1版第13次印刷
书号／ISBN 978-7-5560-0206-1
定价／22.00元

Animal Diaries: Eagle

By Steve Parker
Project Editor Carey Scott
Illustrator Peter David Scott/The Art Agency
Designer Dave Ball
QED Project Editor Tasha Percy
Managing Editor Victoria Garrard
Design Manager Anna Lubecka
Copyright © QED Publishing 2013
First published in the UK in 2013 by QED Publishing, A Quarto Group company, 230 City Road
London EC1 V 2TT, www.qed-publishing.co.uk

策划／海豚传媒股份有限公司
网址／www.dolphinmedia.cn　邮箱／dolphinmedia@vip.163.com
阅读咨询热线／027-87391723　销售热线／027-87396822
海豚传媒常年法律顾问／湖北珞珈律师事务所　王清　027-68754966-227